Faust/Feuereißen · Deutsche Dampfzüge

99 0244-6

Hans Faust
Günther Feuereißen

DEUTSCHE DAMPFZÜGE

Dampfzüge auf den Gleisen beider deutscher Eisenbahnverwaltungen im bildlichen Vergleich

Gondrom

Umschlagseite vorn
1971 hatten noch tobende Dampfrösser die schweren Güterzüge von Heilbronn nach Crailsheim am Haken, hier bei Tullau

Umschlagseite hinten
Güterzugschlange unterwegs von Crailsheim nach Nürnberg, bei Ellrichshausen 1971

Bild auf Seite 2
Durch den tiefverschneiten Harz dampft die ölgefeuerte 1000 mm-Schmalspurlokomotive 99 0244 von Ilfeld nach Netzkater

Genehmigte Lizenzausgabe für den Gondrom Verlag GmbH & Co. KG, Bindlach 1993
Lithografien: Hofmüller-Repro GmbH & Co. KG, Linz
Satz: Fotosatz Schwarzenböck, Hohenlinden
ISBN 3-8112-1011-4

Inhalt

Zum Geleit

40 Jahre führten die Gleise der deutschen Eisenbahnen auseinander. Am 9. November 1989 wurde dieser Tendenz durch eine friedliche Revolution in der DDR Einhalt geboten. »Was zusammengehört, wird zusammenwachsen!« Dieser Leitsatz gilt sicher nicht zuletzt für die Verkehrsverbindungen. Der durch Wirtschaftsreformen, D-Mark und Vereinigung in Mitteldeutschland ausgelöste Investitionsboom braucht leistungsfähige Transportmittel. Die Eisenbahn bietet dafür die besten Voraussetzungen. Es entstehen neue Schienenwege, und alte werden ausgebaut. Das Bild der Bahn wird sich ändern, wird moderner werden. Diese Entwicklung kann und darf nicht aufgehalten werden. Trotzdem gilt es, alte Architekturen und technische Denkmale zu erhalten und sinnvoll in Neues zu integrieren. Dabei ist die Erinnerung an alte Zeiten durchaus hilfreich, schärft sie doch die Sinne für Bewahrenswertes, für die Leistungen unserer Väter und Großväter.

Den Freunden der alten Eisenbahn ist der vorliegende Band gewidmet. Er erinnert an Zeiten, in denen die große Ära der Dampflokomotiven in deutschen Landen zu Ende ging, als die Entwicklungen der beiden Nachkriegsbahnverwaltungen immer größere Unterschiede aufzeigten, als keine reale Chance erkennbar war, daß sich aus einer Wurzel Entsprungenes wieder zusammenfinden könnte.

Am 26. Oktober 1977 setzte sich 043 903 zur letzten planmäßigen DB-Dampfzugfahrt von Oldersum nach Emden in Bewegung und beschloß damit unwiderruflich dieses Kapitel der westdeutschen Eisenbahngeschichte. Für den 12. Juni 1988 war ähnliches bei der DR angekündigt, 50 3670 sollte den letzten Dampfzug fahren und dann zusammen mit 13 weiteren Dampflokomotiven im Bahnbetriebswerk Glauchau Abschied pfeifen. Zwei Stunden später freilich fuhr 86 1333 einen planmäßigen Personenzug nach Rochlitz. In Oschersleben dampften weiterhin drei Maschinen, und auch in Ostsachsen kamen die 52er nicht zur Ruhe. Bis heute hält die DR Dampflokomotiven betriebsfähig vor und läßt sie bei entsprechendem Auftrag vor Planzügen verkehren. Im Gegensatz dazu sind die DB-Museumsdampfloks ausschließlich vor Sonderzügen zu bewundern.

Namhafte Eisenbahnfotografen öffneten für dieses Werk ihre Archive, um einen repräsentativen Überblick der letzten aktiven Jahre deutscher Dampflokomotiven zu ermöglichen. Dabei lag der Auswahlschwerpunkt auf den landschaftlich attraktivsten Strecken der Deutschen Bundesbahn und der Deutschen Reichsbahn. Die vergleichende Darstellung der Dampftraktion der deutschen Nachkriegseisenbahnen in diesem Band fällt in eine Zeit, die den Zusammenschluß beider Unternehmen in nicht allzu ferner Zukunft erwarten läßt. Mögen sich die Verantwortlichen beider Bahnverwaltungen der Gemeinsamkeiten erinnern und bei allen Investitionen in die Zukunft nicht vergessen, daß insbesondere in den neuen Bundesländern noch vieles an musealer Technik in Betrieb steht, deren zumindest exemplarische Erhaltung ein Stück nationales Erbe repräsentiert.

001 202-1

Schnellzuglokomotiven – Zwischen großen Städten

Nachdem sich das Erlebnis »Eisenbahnfahren« immer mehr zugunsten schnellstmöglicher Ortsveränderungen wandelte, strebten die Bahnverwaltungen kürzeste Verbindungen vor allem zwischen den Landeshauptstädten oder auch bestimmten Handelszentren an. Der Begriff Schnellzug war geboren. Für ihn mußten Maschinen konstruiert werden, die große Lasten mit hohen Geschwindigkeiten befördern konnten. Fast alle Bahnen sahen in ihren Schnellzuglokomotiven das Aushängeschild. Entsprechende Sorgfalt verwandten sie auf Konstruktion, Fertigung und Wartung.

Eine ihrer Zeit vorauseilende Spitzenkonstruktion gelang Anton Hammel mit seiner S 2/6, die bereits im Juli 1907 mit 150 t Zuglast 154,5 km/h erreichte. Den Auftrag hatte die Königlich Bayrische Staatsbahn an die Münchner Lokomotivfabrik Maffei vergeben, aus deren Werkhallen später auch die legendäre S 3/6 fuhr. Der süddeutsche Lokomotivbau zeichnete sich durch Vierzylindertriebwerke und hervorragende Laufeigenschaften aus. In Preußen hingegen setzte der Maschinendienst überwiegend auf robuste billige Zweizylindertriebwerke mit der Folge, daß bei hohen Geschwindigkeiten ein unruhiger Gang der Lokomotiven in Kauf genommen werden mußte. Sachsen schloß sich bei seinen Lokomotivkonstruktionen wechselnd nördlichen oder südlichen Prinzipien an bzw. vereinte beide miteinander.

Nach Gründung der Deutschen Reichsbahn waren dadurch die verschiedensten Bauarten von Schnellzuglokomotiven vorhanden. Aber nicht nur die Konstruktionen unterschieden sich, nein, es paßte nicht einmal eine bayrische Schraube in ein preußisches

Bahnhof Neuenmarkt-Wirsberg. Ausfahrt frei für D 853 von Lichtenfels nach Hof. 01 202 gehörte zu den Maschinen der DB, denen man mit den großen Windleitblechen auch die Frontschürze unter der Rauchkammer entfernt hatte

Gewinde, ein Austausch von Teilen war unmöglich. Dem konnte nur durch Neukonstruktionen auf vereinheitlichter Bauteilebasis abgeholfen werden. Es entstanden die Einheitslokomotiven der Reihen 01, 01.10, 03 und 03.10.
Die Konstruktionen waren von nun an Teamarbeit vieler hervorragender Ingenieure aus den größten Lokomotivfabriken. Trotzdem prägte natürlich der Bauartdezernent der Deutschen Reichsbahn, R.P. Wagner, maßgeblich die Grundlagen. Er gilt deshalb auch als »Vater« der Einheitslokomotiven mit all ihren Vorzügen und Nachteilen.
Der Widerstreit über die Wirtschaftlichkeit von Zwei- oder Vierzylindertriebwerken fand auch bei den ersten Einheitslokomotiven seinen Fortgang. Der starke preußische Einfluß gab schließlich den Ausschlag hin zur zweizylindrigen 01 und der für Strecken mit geringeren zulässigen Achslasten geeigneten 03. Als gegen Ende der dreißiger Jahre höhere Geschwindigkeiten gefahren werden sollten, war die Dreizylinderlokomotive mit ihrem gleichmäßigen Drehmoment unumgänglich. Hinzu kamen die zeitgemäßen Stromlinienverkleidungen für die Reihen 01.10 und 03.10, die im Bereich über 100 km/h einen Leistungsgewinn erzielten.
Nach dem zweiten Weltkrieg verblieben der Deutschen Bundesbahn über 400 Einheits-Schnellzuglokomotiven, der Deutschen Reichsbahn 177. Beide Verwaltungen konnten vorerst nicht auf den Einsatz der Maschinen verzichten, denn Neubauprogramme brauchten einen längeren Zeitraum, die Dieseltraktion war noch im Entwicklungsstadium und die Elektrifizierung der Hauptbahnen zu gering bzw. im Osten durch Reparationsleistungen gleich Null. So galt es, die Lokomotiven je nach Erhaltungszustand durch eine grundlegende Aufarbeitung, Neubekesselung oder gar konstruktive Überarbeitung für einen längeren Einsatzzeitraum vorzubereiten. Später kam es dann noch zur Umstellung vieler Maschinen auf Ölhauptfeuerung, wodurch die mögliche Kesselhöchstleistung kontinuierlich erbracht werden konnte.

Ganz anders das Gesicht der durch die DR rekonstruierten 01. Domverkleidung, abgeschrägte Windleitbleche und eine steile Frontschürze prägten das unverwechselbare Äußere. 01 0533 in Saalfeld (Graf)

01 0533-8

001 088-4
15
15

01 0523-9
DB
218 102-4
01 0526-2
01 0520-5

DB- und DR-01er in DB-Bahnbetriebswerken. Oben 01 088 in Neuenmarkt-Wirsberg, dem heutigen Deutschen Dampflokomotivenmuseum, unten Stelldichein dreier Rekos im Betriebswerk Bebra, welches die Erfurter Maschinen bis 1973 anliefen

Heute nicht mehr existent: der Ringlokschuppen in Hof

Neuenmarkt-Wirsberg 1970. Mächtig Anlauf nehmen muß die 01 am Fuß der Schiefen Ebene

Während sich die zweizylindrigen 01 im Bergland abplagen, haben ihre wesentlich kräftigeren dreizylindrigen Verwandten in der Norddeutschen Tiefebene leichtes Spiel; 012 081 auf der Fahrt durch Lingen

Der Zug links oben mit seiner DR-Pazifik ist soeben in Bebra eingelaufen. Die Hofer Altbau-01 darunter schickt sich an, mit ihrem Züglein die Schiefe Ebene hinabzurollen

Fast in Ursprungsausführung präsentieren sich die DR-01 auf der rechten Seite. Nur die Pumpen, ehemals im Schatten der großen Windleitbleche gelegen, sind in die Mitte des Kessels zurückgesetzt worden. Oben eine Szene in Camburg, unten in Dresden Altstadt

Cb
012204-4

012069-1
W

001 173-4

A

Auf der vorigen Doppelseite hat 01 173 soeben Seulbitz im nördlichen Vorland des Fichtelgebirges durcheilt und wird ihren Zug nach Bamberg führen. Die Lok wurde nach Ausmusterung bei der DB von den Ulmer Eisenbahnfreunden erworben. Heute befindet sie sich im Museum für Verkehr und Technik in Berlin

Eine letzte Renaissance erlebten die Altbau-01 der DR 1980/81 im Saaletal. Heizölmangel zwang zum erneuten Inbetriebnehmen kohlegefeuerter Maschinen. Das Betriebswerk Saalfeld setzte 01 114, 01 118 und 01 204 auf den Strecken nach Halle und Leipzig ein

012204-4
F

01 211 des Bahnbetriebswerkes Hof im Vorspanndienst auf der Schiefen Ebene. Bis 1973 gab es solche Szenen zu bewundern

Wesentlich länger, bis in den Winter 1981/82 hinein, dampften die 01-Lokomotiven der DR. Im Bild unten in der Ausfahrt von Neustadt/Orla

Auf dem Weg ins heimatliche Betriebswerk Hof befindet sich 01 173 bei Seulbitz

Auf der nächsten Seite eilt 012 068 von Münster nach Rheine durch die Norddeutsche Tiefebene, während darunter die blankgeputzte 01 0505 ihr kaum anspruchsvolleres Züglein von Gera nach Saalfeld befördert

Maienstimmung im Osten wie im Westen. Die obere Szene spielt sich rund 50 km südlich, die untere rund 50 km nördlich von Hof ab

012 068-3

01 0505-6

01 1512-1
88
1

Abschied nehmen hieß es im Herbst 1981 von den Altbaulokomotiven der Reihe 01 im Thüringer Raum. 01 118 war, wie viele andere auch, in den »Westen« verschachert worden. Wer konnte damals ahnen, daß es auch für die »Ost«-Eisenbahnfreunde neun Jahre später ein Wiedersehen in Thüringen geben würde?

An einem kleinen Weiher zwischen Falls und Marktschorgast entstand dieses Bild nach dem Motto »möglichst viele Lokomotiven auf einem Foto«

Verdoppelungstricks wie auf dem vorangegangenen Bild bedurfte es bei Schödlas nahe Münchberg nicht.
Rechts durcheilt 01 118 den Winterwald bei Frießnitz mit Ziel Saalfeld

012118-6

Links der Tunnel bei Vorbach auf der Strecke von Marktredwitz nach Nürnberg. 01 192 hatte ihren Hochleistungskessel 1958 erhalten. Zuvor war sie eine der fünf DB-01 mit Henschel-Mischvorwärmer gewesen

Vor der Silhouette des Fichtelgebirges bei Höflas bietet sich eine Altbau-01 zum Vergleich mit der neubekesselten Umbauvariante der DB mit dem typischen niedrigen Schornstein

Und oben schließlich steckt die Reko-01 der DR ihr völlig andersartiges Gesicht aus dem Tunnel zwischen Oppurg und Neustadt und demonstriert auf dieser steigungsreichen Strecke gleichzeitig, daß sie die leistungsstärkste Variante der zweizylindrigen 01-Familie ist

Der Star unter den deutschen Nachkriegsdampflokomotiven ist zweifelsohne die schnittig elegante 18 201 der DR, spätere Bezeichnung 02 201. Sie entstand 1961 aus der Notwendigkeit heraus, für Testfahrten im Bereich um 160 km/h ein geeignetes Triebfahrzeug vorrätig haben zu müssen. Als Grundlage für den Bau diente das Fahrgestell der 61 002 und einige Teile der Versuchslokomotive H 45 024. Komplettiert mit dem Reko-Standardkessel der Reihen 03.10, 39 und 41 sowie dem 2'2' T34-Einheitstender, teilverkleidet mit angepaßten Windleitblechen und einer grünen Sonderlackierung kam die derzeit schnellste betriebsfähige Dampflokomotive der Welt auf die Schienen. Bei der Rekordfahrt am 12. Oktober 1972 bewies sie dies zwischen Gräfenhainichen und Bergwitz mit 182,4 km/h

Die größte deutsche Länderbahnschnellzuglok, der »Sachsenstolz«, Reihe 19.0, erfuhr ebenfalls eine Überarbeitung. Der Traktionswandel verhinderte letztendlich den Umbau aller Maschinen, so daß diese schwere Vierzylinderlok ihre nunmehr wesentlich gesteigerte Leistungsfähigkeit nie voll unter Beweis stellen konnte. Die Bilder der folgenden Seite zeigen die alte Ausführung rangierend in Plauen oberer Bahnhof (Graf), darunter die Reko-Lokomotive, als 04 015 bezeichnet, in Halle (Weisbrod)

Die übernächste Seite präsentiert zwei auf den ersten Blick äußerlich ähnliche Lokomotiven, oben die schwere Neubau-Pazifik 10 001 der DB, darunter den DR-Umbau der badischen IV h in die 18 314, später 02 314. Beiden Maschinen waren nur kurze Einsatzzeiträume vergönnt, denn die Entwicklung der Diesel- und Elektrolokomotiven ließ keinen Platz mehr für Dampfmaschinen

04 0015-0

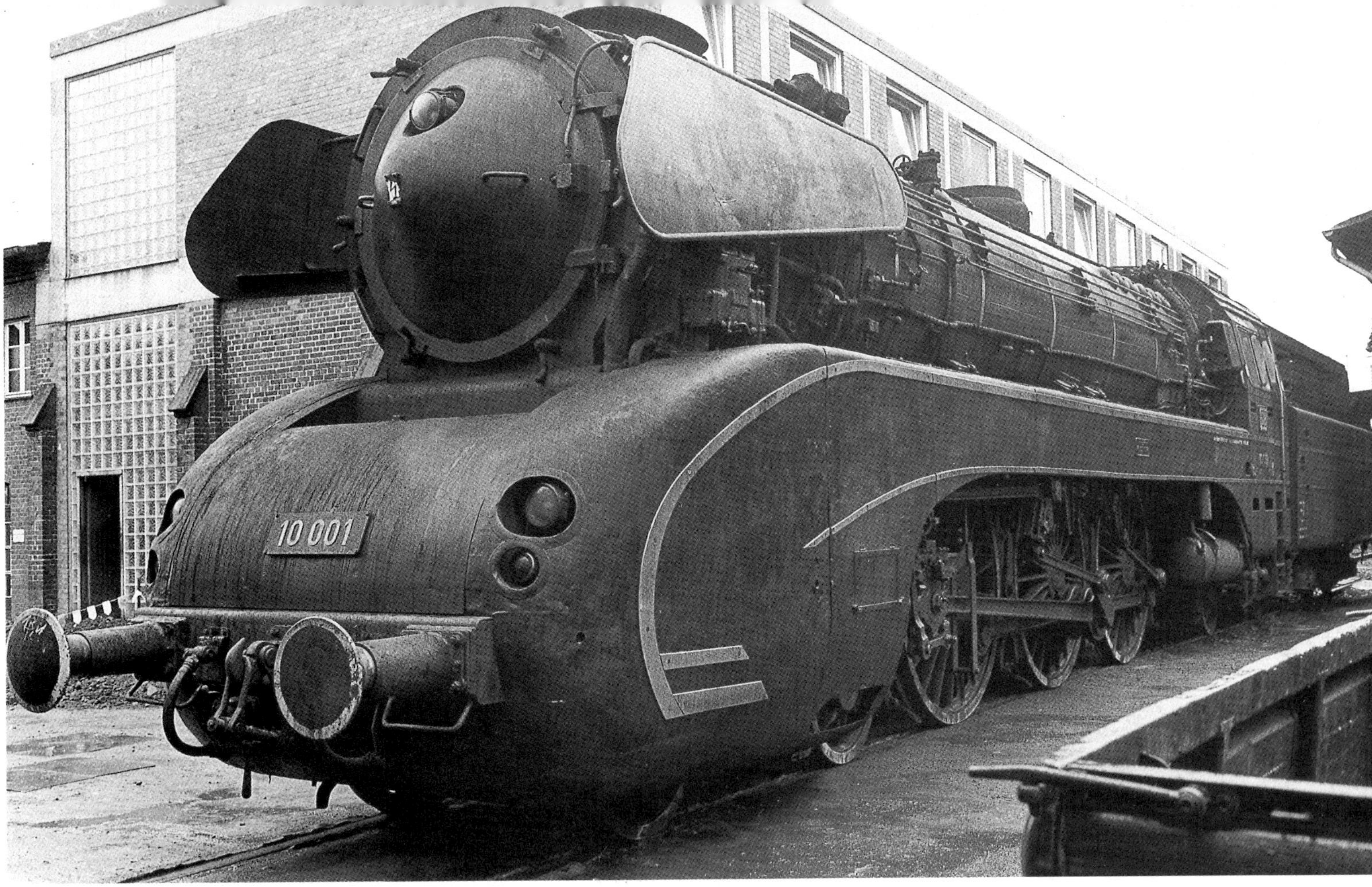
10 001

02 0314-1

03 2172-9

03 204

Vorhergehende Doppelseite. Schnellzugdampflokomotivtreffen in Dresden Neustadt im Oktober 1976

Viel Kritisches kann man in der Literatur über die Einheitslokomotiven der zweizylindrigen Reihe 03 lesen. Diesen Urteilen zum Trotz verrichteten die Maschinen bis in die siebziger Jahre zuverlässig ihren Dienst. Links die rekonstruierte 03 204 in Görlitz und rechts die heutige Museumslokomotive 03 001 auf einer Sonderfahrt im Vogtland (Aufgebauer)

Ausfahrt Stimpfach. Durch ihren kleineren Kesseldurchmesser wirkt die Baureihe 03 um einiges eleganter als ihre schwerere Schwester 01. Das Personenzüglein dürfte der 03 168 kaum Schwierigkeiten bereiten auf der Reise von Crailsheim nach Ulm

003 168-2

003 281-3

Fahrt durchs winterliche Hohenloher Land von Heilbronn nach Schwäbisch Hall-Hessental. Gleich wird die Dampfwolke der Ulmer 03 den Kirchturm von Sülzbach verdecken

Geführt von einer Stralsunder 03.10 durcheilt der »Meridian« mit einer ungarischen Garnitur Mecklenburgs Kornfelder

Rechts begibt sich die Museumslokomotive 03 1010 mit dem Traditionszug »Zwickau« auf den Weg von Camburg nach Saalfeld

Die folgende Doppelseite vergleicht noch einmal die beiden Spielarten der Reihe 03, rekonstruiert mit gleichem Kessel durch die DR.
Links oben eine Görlitzer Maschine, darunter in Wittenhagen wie auch rechts oben in Rakow eine Lok des Bw Stralsund. Das Bild rechts unten schließlich entstand in Gräfenhainichen unter »Polizeischutz«. Den Beamten war nur schwer verständlich zu machen, daß das fotografische Tun lediglich der Dokumentation alter Dampfrösser diente

Langebrück (Sachs)
03 2002-8

03 0090-5

03 2126-5
Gf

Nach getaner Arbeit mit frisch gebunkerten Vorräten rollt 03 244 über die Drehscheibe in den Lokschuppen des Bahnbetriebswerkes Ulm. Die Aufnahme entstand 1965, drei Jahre vor der EDV-gerechten Umnumerierung aller DB-Loks

Und so sieht die 03 mit Altbaukessel und ihren ursprünglichen »großen Ohren« aus. Hier beim Durcheilen von Weinböhla die erste ihres Stammes, gebaut 1930

03 001

TOTO LOTTO
Spielwaren
FOTO

Personenzuglokomotiven – Im täglichen Dienst

Unterschieden sich in der Eisenbahngründerzeit die Lokomotiven vor allem durch ihren technischen Entwicklungsstand, so kam Bedarf für spezialisierte Maschinen auf, als der alles transportierende gemischte Zug den Anforderungen nicht mehr genügte. Die schnellen Züge durcheilten kleinere Bahnhöfe ohne Halt, doch wollten eben auch dort Reisende ein- oder aussteigen. Die fortschreitende Industrialisierung ließ den Berufsverkehr anschwellen und schuf zugleich einen Bedarf an Ausflugsverkehr an Sonn- und Feiertagen. Eine spezielle Variante des Verkehrs auf Schienen entstand: der Personenzug.

Zunächst verwendeten die Bahnverwaltungen meist ältere Schnellzuglokomotiven in diesem Dienst. Mit der Zunahme des Verkehrs und den dadurch steigenden Zuglasten taten sich die großrädrigen Maschinen jedoch schwer. Das Anfahren gestaltete sich problematisch, die Beschleunigung fiel gering aus. Eine spezielle Personenzuglokomotive machte sich erforderlich. Konstruktionsziel war die gute Beschleunigung auch schwerer Züge und eine ausreichende Höchstgeschwindigkeit, um die Reisezeiten zu begrenzen. Bei den meisten Länderbahnen hielten die Ingenieure drei Kuppelachsen, geführt durch zwei Laufachsen, für die beste Lösung. In Bayern hieß 1905 das Ergebnis P 3/5, natürlich mit dem süddeutschen Vierzylinder-Verbundtriebwerk, in Preußen gelang mit der P 8 eine außerordentlich robuste Maschine, welche bis in die siebziger Jahre aktiv war. Das sächsische Pendant, die Gattung XII H2, hatte wie ihre preußische Schwester nur zwei Zylinder und war trotz der etwas geringeren Größe kräftiger ausgefallen. Die Deutsche Reichsbahn übernahm den größten Teil

DB-23 im Donautal zwischen Sigmaringen und Beuron. Im Laufe der Jahre hatte sich das Einsatzgebiet der Baureihe zwar immer mehr nach Süden ausgedehnt, soweit war sie aber lediglich bei Sonderfahrten vorgedrungen

dieser noch relativ jungen Maschinen und hatte somit auf Jahre hinaus keinen Bedarf für eine neue Personenzuglokomotive. Erst 1940 entstanden zwei wohlgelungene Prototypen der Reihe 23, doch war der Bau von Kriegslokomotiven in dieser Zeit wichtiger. Somit blieb es den beiden Nachkriegsverwaltungen überlassen, die nunmehr alten Länderbahnmaschinen zu ersetzen.

Die Grundidee der Reichsbahnkonstruktion setzte sich fort: drei Kuppelachsen, geführt durch eine vordere und eine hintere Laufachse. Beide Verwaltungen probierten an ihren »23-ern« viele neue technische Details aus und entwickelten diese bis zur Serienreife. Doch gestattete der expandierende Diesellokbau relativ wenig Bewährungszeit, und es gelang den hochmodernen Dampfloks nur knapp, ihre Vorgänger zu überleben.

Im Bereich des Hauptbahndienstes waren bei den Länderbahnen eigene Personenzugtenderloks kaum gefragt. Lediglich die preußische T 18, eine Zweizylindermaschine mit der Achsfolge 2'C 2', kam mit über 500 Exemplaren erfolgreich auf die Schienen. Ihr Reichsbahnnachfolger, die Reihe 62, war wohl mindestens ebensogut gelungen, allein es fehlte am Bedarf.

Nach dem Kriege wollten beide Bahnverwaltungen diese Maschinen und womöglich noch einige Nebenbahnbaureihen durch jeweils eine Neukonstruktion ersetzen. Favorisiert wurde die Achsfolge 1'D 2', versehen mit reichlichen Vorratsbehältern für Wasser und Kohle. Die Deutsche Bundesbahn wählte für diese Baureihe 65 einen Kuppelraddurchmesser von nur 1500 mm, wodurch in Verbindung mit einem schlechten Massenausgleich mangelhafte Laufeigenschaften bei höheren Geschwindigkeiten auftraten. Die Konstruktion der »65« der Deutschen Reichsbahn war in Bezug auf das Fahrwerk glücklicher, hatte aber Probleme mit der Dampfleistung des Kessels. Alles in allem befriedigten die Maschinen zwar, waren jedoch nicht die Universallokomotiven, die sie hätten werden sollen. Zudem holte auch sie bald die Dieselkonkurrenz ein.

Ein Vorgänger der Neubauloks der Reihen 23 beider deutscher Eisenbahnverwaltungen war der sächsische Rollwagen, die Reihe 38.2. Rechts präsentieren sich diese Maschinen im Betriebswerk Nossen (Graf)

Chemnitz war einst eine Hochburg der Reihe 38.2. Von hier aus kamen sie in alle Himmelsrichtungen zum Einsatz, anfänglich sogar häufig im Schnellzugdienst (Illner)

Die folgende Doppelseite zeigt sächsische und preußische 38er auf der Elstertalbahn im Vogtland. Links oben einen in den sechziger Jahren von Leipzig nach Weischlitz verkehrenden Schnellzug, darunter eine Nostalgiefahrt mit der Museumslokomotive 38 205 beim Lochbauernhof. Rechts oben schließlich die Ausfahrt eines Personenzuges nach Plauen aus dem Bahnhof Barthmühle, darunter eine für die Strecke typische Szene bei Rentzschmühle (Graf)

38 2932

Auf den Strecken des Erzgebirges konnte die schwächere preußische P8 mit ihren etwas größeren Treibrädern nie den sächsischen Rollwagen verdrängen. Im Bild befördert ein solcher in der Ausführung mit niedrigem Umlauf original sächsische Personenwagen gen Chemnitz (Illner)

Zu den Hauptaufgaben des Betriebwerkes Tübingen gehörte die Bespannung des Reisezugverkehrs nach Sigmaringen. Einige der bis 1970 fast ausschließlich mit P8 bespannten Züge verkehrten nur bis Ebingen, dem heutigen Albstadt. Die Lok mußte dort für die Rückfahrt gedreht werden

038 553-4

Unter der Burg Wolkenstein ist 38 205 mit einem Sonderzug von Annaberg nach Chemnitz fast wie in alten Zeiten unterwegs. Nur die rekonstruierten ehemaligen Abteilwagen weisen auf das Jahr 1980 hin

Bei der DB wurden die meisten 38er mit Wannentendern der ausgemusterten Kriegslokomotiven versehen. Wegen der größeren Länge und den damit verbundenen Problemen auf den Drehscheiben durften die Tübinger P8 ihre ursprünglichen preußischen Kastentender behalten. Die obere Aufnahme entstand in Kaiseringen, die untere in der Steigung bei Lautlingen kurz vor Erreichen der Europäischen Wasserscheide

Nochmals ein eindrucksvoller Vergleich der preußischen 38er (links) auf dem Lautlinger Viadukt mit der sächsischen Schwester bei Rödlitz-Hohndorf

Die preußische P10, spätere Reihe 39, war die größte deutsche Personenzuglokomotive; ihre Dienste, insbesondere auf den Mittelgebirgsstrecken, blieben bis in die sechziger Jahre unentbehrlich. Während die DB an ihren Maschinen nur unwesentliche Änderungen vornahm, rekonstruierte die DR alle 85 ihr verbliebenen Loks zur Reihe 22. Mit Ausnahme des Fahrwerkes blieb nicht viel von der alten Preußin übrig. Die neuen Maschinen kamen sofort auf den thüringischen und sächsischen Bergstrecken zum Einsatz, vorrangig im Schnell- und Eilzugdienst. Trotz ihrer wesentlich gesteiger-

ten Leistung waren die Maschinen schon gegen Ende der sechziger Jahre durch vermehrte Diesellokbeschaffung überflüssig geworden. Das wartungsintensive Dreizylindertriebwerk gab schließlich den Ausschlag zur Ausmusterung der noch kurz zuvor in 39 zurückbezeichneten Reihe.
Viele der relativ neuen Kessel wurden anschließend zur Rekonstruktion der zweizylindrigen Baureihe 03 benutzt.
Im Bild links oben 39 034 in Leipzig Hauptbahnhof mit Reiseziel Saalfeld, darunter 22 037 bei Plauen, rechts oben schließlich zwei Reichenbacher Maschinen dieses Typs vor einem Interzonenzug bei Plauen (Weisbrod, Graf, E. Feuereißen, Illner)

Als eiserne Reserve dienten dem Betriebswerk Stuttgart-Rosenstein bis Anfang 1967 preußische P10. Als einziger Lok waren 39 196 die alten Windleitbleche verblieben, ihren preußischen Tender hatte sie aber gegen einen der Einheitsbauart tauschen müssen. Hier dampft sie an der Kulisse der Gäumetropole Herrenberg vorbei, darunter die gleiche Maschine vor einem Schnellzug von Nürnberg nach Stuttgart in Crailsheim einfahrend (Schulze)

Weit nach Westen reichte das Einsatzgebiet der Crailsheimer 23er. Eilzug zwischen Osterburken und Mosbach mit Fahrtziel Heidelberg

023 021-9

044 557-7
023 016-9

Verschwunden und vergessen: Großbekohlungsanlage des Bahnbetriebswerkes Heilbronn. Oft schleppten sie gemeinsam schwere Güterzüge über die Rampen nach Crailsheim, die schlanke hochgebaute Personenzuglokomotive und die untersetzte Expertin für schwere Lasten

Noch so gut wie neu wirkte 23 105, als sie 1966 im Betriebswerk Minden dem Fotografen gegenüberstand. Erst Ende 1959 hatte man sie als letzte Dampflok der DB in Betrieb genommen. Längst ausgemustert und vergessen, begann 1985 ihre zweite Karriere als Museumslok in staatlichen Diensten

Nahverkehrszug bei Wustweiler, Strecke Neunkirchen – Dillingen. Bis in die Hälfte der siebziger Jahre war das Saarland eine Hochburg des 23er Einsatzes

023 075-5

Nahverkehrszug aus Würzburg bei Lauda im romantischen Taubertal. Die Lok gehört zur Variante mit Heinl-Mischvorwärmer und Rollenlagern an Treib- und Kuppelstangen

Ganz anders das Gesicht der Neubau-23er der DR. Die abgehackte steile Frontschürze prägte wesentlich das Aussehen vieler DR-Maschinen. Genau wie bei der DB wurde die letzte Lok dieser Reihe, die 23 113, spätere 35 1113, für Museumszwecke erkoren und ist hier in Roßwein unterwegs (Weller)

35 1113-6

35 1106-0

Aus den sechziger Jahren stammen diese Bilder des Einsatzes der DR-23er. Links oben in Weischlitz, darunter in Nossen, oben hat der Personenzug nach Plauen gerade die Elstertalbrücke durchquert (Graf)

65 1049-9

Personenzug im Teufelstal zwischen Göschwitz und Gera. Bis 1957 stellte die DR 88 Lokomotiven der Baureihe 65.10 in Dienst. Auffallendstes Unterscheidungsmerkmal zur DB-Lok mit gleicher Reihenbezeichnung sind die größeren Treibräder und die Außenrahmenlagerung der beiden Achsen des hinteren Drehgestells

Die erste der DB-65er vor dem Schuppen in Miltenberg. Die typische Schornsteinkrempe (Caledonian-Schornstein) verpaßte ihr wohl die Herstellerfirma Krauss Maffei in Gedanken an die ungleich erfolgreichere bayrische S 3/6

Personenzug von Aschaffenburg nach Miltenberg bei Kleinheubach. Die Lokomotive gehört zu den ersten 13 DB-65ern, die alle mit Oberflächenvorwärmern ausgerüstet waren und 1951 ihre Jungfernfahrt antraten

Ebenfalls in München erbaut wurde 65 002, hier bei Rangierfahrten in Darmstadt. Das dortige Bahnbetriebswerk galt als einziges der DB mit Fotografierverbot. Der Dienststellenleiter wetteiferte diesbezüglich mit seinen DR-Kollegen

065.008-5

Viel Ähnlichkeit zeigen die DB- und die DR-Varianten der Reihe 65. Beide Konstruktionen fußen auf ersten Entwürfen zu dieser Bauart aus dem Jahre 1940. Die DR-Maschine litt stets an hohem Dampfverbrauch, gilt jedoch als gelungenere Realisierung einer kräftigen Personenzugtenderlokomotive. Links befindet sich 65 008 auf dem Weg nach Miltenberg, unten durchrollt 65 1031 Kraftsdorf mit Ziel Gera

065 014-3
25

Die folgende Doppelseite ist ausschließlich der DR-Reihe 65.10 gewidmet und zeigt sie auf Strecken Thüringens und des Vogtlandes im Einsatz. Die beiden Motive der linken Seite führen nach Paulinzella, Strecke Saalfeld - Arnstadt. Rechts oben ein Blick auf die Elstertalbahn (Graf), darunter dampft 65 1031 durch den Haltepunkt Kaimberg auf der Rampe zwischen Gera und Ronneburg

Bunt gemischter Personenzug im schönen Tal des Mains bei Klingenberg. 65 014 gehört zum zweiten Los der insgesamt 18 Loks dieser Reihe, welches 1956 geliefert wurde. Die letzten fünf Maschinen bekamen anstelle des traditionellen Oberflächenvorwärmers äußerlich unsichtbare Mischvorwärmer

Klingenber
065 018-4

65 1088-7

Links oben wie unten die jüngsten ihres Stammes. 65 018, hier auf dem Weg nach Aschaffenburg, ist dem Siemens-Martin-Ofen entgangen und dampft heute noch bei einer Museumsbahn in den Niederlanden. Weniger gnädig war die Vorsehung mit 65 1088, die hier noch bei Hermsdorf im Planeinsatz zu bewundern ist

Als die Computerzahlen noch keine Lokomotive verunzierten, war die Elstertalbahn eine Hochburg der Geraer 65er. Mit nagelneu rekonstruierten Donnerbüchsen verläßt 65 1011 den Haltepunkt Kürbitz mit Ziel Plauen unterer Bahnhof (Graf)

44 0115-4

Güterzuglokomotiven – Vor schweren Zügen

Schon recht früh zeigte sich, wohl entgegen allen Erwartungen, daß der Güterverkehr zur schwersten Aufgabe des Eisenbahntransportes werden würde. Um ihn zu bewältigen, mußten im Laufe der Zeit immer häufiger reine Güterzüge gefahren werden. Sie waren schwerer und länger als Personen- und Schnellzüge, was den Einsatz mehrerer Lokomotiven zum Ziehen und Schieben verlangte. Solch unwirtschaftliche Lösungen konnten nur durch die Entwicklung spezieller Güterzuglokomotiven kompensiert werden.

Um nun große Kessel mit ausreichender Dampfleistung unterzubringen, waren längere Maschinen erforderlich, die sich auf mehreren Achsen abstützen mußten. Diese sollten zudem angetrieben sein, damit sich die hohen Zugkräfte auch wirksam auf die Schienen übertragen ließen. Dem stand das Problem des anstandslosen Durchfahrens von Krümmungen gegenüber. Die Lösung fanden Konstrukteure zunächst in der Aufteilung der Fahrwerke in mehrere zwei- oder dreiachsige Triebwerke. Gelenklokomotiven der Bauarten Mallet und Meyer waren das Ergebnis. In Sachsen versuchte man sich gar mit Hohlachsen. Erst der österreichische Ingenieur Karl Gölsdorf wandte 1897 die v. Helmholtzsche Theorie der seitenverschiebbaren Achsen erfolgreich an, wodurch nun vier-, fünf- und sechsfach gekuppelte einrahmige Fahrwerke möglich waren. Ehe die Bahnverwaltungen diese technische Neuerung jedoch zum Standard ihrer Güterzuglokomotiven machten, vergingen noch einige Jahre.

Eine der gelungensten viergekuppelten Maschinen stellte Preußen mit fast 5000 G 8^1-Lokomotiven in Dienst. Robert Garbe, dem

Saalfeld war einer der letzten Einsatzschwerpunkte der mächtigen 44er Güterzuglokomotiven. Bis zum Jahreswechsel 1981/82 hörte man regelmäßig den Dreivierteltakt auf der Rampe nach Unterwellenborn

unerbittlichen Verfechter zweizylindriger Heißdampfmaschinen, gelang seine wohl beste Konstruktion. Während des ersten Weltkrieges machte sich die Vielfalt des deutschen Lokomotivbaus besonders ungünstig bemerkbar. Die Maschinen kamen oft weit über ihre angestammte Heimat hinaus zum Einsatz, wo weder Lok- noch Werkstättenpersonale sie kannten oder Ersatzteile vorrätig waren. Die meisten Länderbahnen entschlossen sich deshalb zur gemeinsamen Beschaffung einer dreizylindrigen Güterzuglokomotive, der G 12. Diese robuste und zugkräftige Maschine wurde erst ab 1926 durch die Reihe 44 übertroffen. Auch hier verglich die Deutsche Reichsbahn wieder Zwei- und Dreizylinderausführungen miteinander und gab zunächst der einfacheren Reihe 43 den Vorzug. Die ständig steigenden Lasten, wohl auch die Kriegsvorbereitungen, ließen jedoch bald die Vorteile des Dreizylindertriebwerkes hervortreten. Aufgrund der Achslast waren die 44er nur für gut ausgebaute Hauptbahnen geeignet. Die auf Nebenstrecken weit verbreitete G 10 mußte eine leichtere Ablösung finden – die Baureihe 50. In allen Details bestens gelungen, eignete sie sich vorzüglich für Transporte im Kriegsdienst. Allerdings wurde sie zur Material- und Arbeitseinsparung »abgespeckt«. Das Resultat waren innerhalb weniger Jahre über 6000 Lokomotiven der Reihe 52. Nach dem Kriege verfügten beide Bahnverwaltungen über Güterzuglokomotiven von der Länderbahnzeit bis zur Kriegsbauart. Die Deutsche Bundesbahn modernisierte die Einheitsreihen 41 und 44 und fuhr mit ihnen bis zum Ende der Dampftraktion. Die Deutsche Reichsbahn rekonstruierte die gleichen Reihen, konnte aber trotzdem weder auf die alten G 12 noch auf die Kriegslokomotiven verzichten. Sie unterzog erstere einer Umkonstruktion, die äußerlich nicht viel von der Länderbahnmaschine übrig ließ. Letztere bekamen vor allem Nachrüstungen, teils auch neue Kessel, womit sich der Einsatzzeitraum wesentlich verlängerte. Die Maschinen der Baureihe 50 erfuhren ebenfalls ein Reko-Programm. Sie gehörten neben den 52ern zu den letzten planmäßig verkehrenden normalspurigen Dampflokomotiven der DR.

Zu den gelungensten Konstruktionen der Deutschen Reichsbahn gehörten die schnellen Güterzuglokomotiven der Reihe 41. Auf den Mittelgebirgsstrecken bewährten sich die Maschinen gleichgut im leichten Güterzugdienst wie vor schweren Personenzügen und sogar im Schnellzugeinsatz. Zu ihrer Domäne gehörte die Überquerung des Thüringer Waldes von Arnstadt nach Grimmenthal. Am Scheitelpunkt in Oberhof, direkt am Mund des 639 m hoch gelegenen Brandleitetunnels, entstanden die beiden rechten Bilder (Graf)

Die Altbaukessel mußten wegen des nicht alterungsbeständigen Baustoffes Anfang der 60er Jahre von der DR ersetzt werden, wobei einige Maschinen einen Nachbau-, 80 Lokomotiven einen Rekokessel erhielten. Obwohl der Kesseldruck herabgesetzt wurde, war die neue Konstruktion sehr verdampfungsfreudig. Ende der siebziger Jahre machten sich die Maschinen unter anderem zwischen Oebisfelde und Magdeburg nützlich, links bei der Ausfahrt aus Haldensleben, oben als Leerfahrt zum Zug nach Oebisfelde

Die in der Einsatzstelle Göschwitz beheimateten 41er des Betriebswerkes Saalfeld hatten 1978 als eine der letzten Leistungen einen Personenzug von Jena nach Gera zu bringen, im Bild aus Kraftsdorf ausfahrend

042 347-5
042 347-5

102 Loks der Reihe 41 rüstete die DB mit Neubaukesseln aus und veränderte zugleich deren Frontpartien. 40 der umgebauten Loks erhielten zudem Ölhauptfeuerung; diese »41 Öl« wurden 1968 in 042 umbenannt, nicht zu verwechseln mit der längst ausgemusterten Kriegslokbaureihe 42. Die Maschinen waren in den letzten Betriebsjahren ausnahmslos im Bahnbetriebswerk Rheine beheimatet, in dem die obere Abbildung 1971 entstand. Die beiden anderen Aufnahmen zeigen die Reihe im Güterzugeinsatz zwischen Münster und Rheine

Die folgende Doppelseite zeigt die Dreizylinderlokomotiven der Baureihe 44 auf DR-Gleisen. Die beiden oberen Aufnahmen aus der Mitte der sechziger Jahre stellen die Ursprungsausführung der Lokomotiven vor Güterzügen auf der Sächsisch-Bayrischen Eisenbahn bei Plauen dar. Das Betriebswerk Reichenbach bespannte fast alle Güterzüge von und nach Hof mit diesen Loks. Darunter links präsentiert sich 44 1059, umgebaut auf Ölhauptfeuerung, in Oberhof, und rechts schließlich fährt eine kohlenstaubgefeuerte 44er in den gleichen Bahnhof ein (Graf)

Bahnhof Elbergen. Einer der vielen Güterzüge auf der Strecke Rheine – Emden

44 699

44 1059

Über die Elstertalbrücke in Richtung Hof ist dieser Güterzug im Jahre 1964 unterwegs. Das Bauwerk ist 279 m lang und 68 m hoch. Es wurde im Verlaufe des Baus der Sächsisch-Bayrischen Eisenbahn von 1846 bis 1851 errichtet, 1945 durch Heraussprengen eines Doppelpfeilers nahezu vernichtet, und entstand bis 1950, nachdem zunächst ein Provisorium die Lücke überbrückt hatte, wieder in alter Schönheit (Graf)

Blick auf den Bahnhof Oberhof. Die Öl-44er bespannt einen Schnellzug nach Arnstadt (Graf)

Auf der Saaletalbahn waren die 44er weniger durch große Steigungen, denn durch lange und schwere Züge gefordert. 44 0851 verläßt Orlamünde mit einem Nahgüterzug nach Jena Saalbahnhof (Kathe)

44 0851-4

Auf halber Strecke zwischen Halle und Sangerhausen machten die 44er Station in Röblingen am See. Die dort abzweigende Nebenstrecke über Querfurt nach Vitzenburg war noch Ende der siebziger Jahre ein reines Dampfparadies für Lokomotiven der Reihe 52.80. Auf der Hauptbahn hingegen teilten sich 44er aus Sangerhausen oder Nordhausen die Beförderung der Güterzüge

Das Bahnbetriebswerk Saalfeld 1978, wie es vielen Eisenbahnfreunden noch gut in Erinnerung ist: Dampflokomotiven, so weit das Auge reicht

Im Frühjahr 1977 mußten mehrfach schwere Umleitergüterzüge von Saalfeld über Rottenbach nach Arnstadt gebracht werden. Diese Aufgabe vertraute man zumeist zwei Saalfelder 44ern an

Auf der folgenden Seite befördert 44 0414 einen Nahgüterzug von Saalfeld nach Gera in der Ausfahrt von Pößneck.
Daneben kämpft eine DB-44er ausfahrend Crailsheim mit ihrem Güterzug nach Nürnberg

440414-1

44 339 im Bild oben führt einen Güterzug von Heilbronn nach Crailsheim kurz vor ihrem Ziel bei Eckartshausen. In Crailsheim ist Lokwechsel, danach fahren die Züge weiter nach Nürnberg. Rechts ist die schwer arbeitende Lokomotive noch 80 km von ihrem Ziel entfernt und verrußt gerade die Gegend um Ellrichshausen. Die Mehrzahl der Kraftfahrzeuge auf den Waggons dürfte inzwischen genauso auf dem Schrottplatz gelandet sein wie die Lokomotive vor dem Zug

Auf der folgenden Doppelseite 44er der DB, links eine Szene im Betriebswerk Herzberg, rechts ein Blick in das Bahnbetriebswerk von Kirchenlaibach. Die Lokomotive mit der geöffneten Rauchkammertüre ist 44 1647. Beide Aufnahmen zeigen deutlich den Unterschied zu den 44ern der DR: die wesentlich tiefer angesetzten Windleitbleche der DB-Maschinen

Auf der übernächsten Doppelseite zeigt sich das Betriebswerk Betzdorf aus der Vogelperspektive, fotografiert aus dem Garten eines Wohnhauses direkt über dem Rundschuppen. Hoffentlich waren sich die Bewohner ihrer beneidenswerten Lage bewußt

051 761-6
044 277-2

051 797-
9

DB
044 594-0

044 180-8

44er in ihren letzten Haupteinsatzgebieten bei der DB: links oben im Hohenlohischen bei Maulach kurz vor Crailsheim, darunter im Emsland bei Aschendorf, rechts in der Nähe des Weserberglandes bei Ottbergen

Ottbergener 44 auf der großen Weserbrücke
zwischen Meinbrexen und Wehrden

Für Personenzüge war sie eigentlich überdimensioniert! Betzdorf 1975

044 668-2

Zum Mädchen für (fast) alles machte die DR ihre 50er im Laufe der Zeit. Auf den Bildern dieser Seiten zeigt sich die Reihe als Personenzuglokomotive, links am Einfahrsignal Plauen oberer Bahnhof in Richtung Adorf, unten bei der Einfahrt in den Bahnhof Weischlitz, rechts mit einem Reko-Donnerbüchsenzug bei Pirk (Graf)

Drei Brücken zieren die folgenden Seiten: Links oben befahren zwei Dampflokomotiven unterschiedlicher Spurweite den Markersbacher Viadukt (Kühn), darunter kam die mächtige Göltzschtalbrücke nach langer Pause 1982 wieder zu Dampfzugehren; 50.35 mit umgeleitetem Güterzug von Zwickau nach Falkenstein. Rechts dampfen zwei ölgefeuerte 50er unterhalb der Rudelsburg über die Saale in ihr Ausbesserungswerk Meiningen

208 Maschinen der ihr nach dem Krieg verbliebenen 350 Lokomotiven der Reihe 50 rüstete die DR mit Reko-Kesseln aus und machte sie damit bis zum Ende der achtziger Jahre diensttauglich. Gut 70 Loks bekamen Ölhauptfeuerung.
Zu den letzten Einsatzorten gehörte Oschersleben, ein kleines Betriebswerk, das sich in den letzten 40 Jahren wohl kaum verändert haben dürfte

Ulmer 50 mit Kabinentender im Jahre 1965 im Bahnhof Münsingen der Nebenstrecke Schelklingen - Kleinengstingen

Zur Jahreswende 1972/73 endete der Dampfbetrieb in der Direktion Karlsruhe. Die letzten drei 50er des Betriebswerkes Mannheim wurden nach Hof abgegeben. 052 339 ist dort soeben angekommen. Die EDV-Nummer darf mit der Bezeichnung »52« für die europaweit verbreitete ehemalige deutsche Kriegslokomotive nicht verwechselt werden. 52er waren bei Einführung des neuen Bezeichnungsschemas längst aus den Beständen der DB ausgeschieden
Szenen aus dem Alltag der DB-50er zeigt die folgende Doppelseite. Links oben bei Poppenreuth in Oberfranken mit Personenzug nach Hof, darunter bei Ellrichshausen von Nürnberg nach Crailsheim, rechts oben von Heilbronn kurz vor Crailsheim, darunter im Schmeiental bei Kaiseringen auf der Fahrt nach Tübingen

052 838-0

050 406-8

051 630-2

Flechtingen
52 8180-3

52 8134-0

»Echte« 52er sind auf den Bildern dieser Seite zu sehen. Im Gegensatz zur DB konnte die DR noch viele Jahre nicht auf die ehemaligen Kriegslokomotiven verzichten. Diese einst aus der Baureihe 50 abgemagerte Massenversion wurde in 200 Exemplaren rekonstruiert.

Links oben ist 52 8180 auf der Schiene von Magdeburg nach Oebisfelde unterwegs, darunter erwartet 52 8134 mit ihrem Personenzug nach Straßgräbchen-Bernsdorf in Dresden Hauptbahnhof Ausfahrt, oben zuckelt der Personenzug von Röblingen am See nach Vitzenburg

055 193-7
050 907-5

Die letzten 55er der DB beheimatete das Bahnbetriebswerk Gremberg in Köln. Die ehemals preußischen G 8.1 wurden erst 1972 ausgemustert

Von der bewährten Baureihe 57 trennte sich die DB bereits 1968. Die letzten traf man in Hagen in Westfalen sowie in Haltingen bei Basel an, wo das obige Bild entstand. Auch die DR trennte sich zu Beginn der siebziger Jahre von ihren letzten ehemaligen preußischen G10 (Sammlung Stössel)

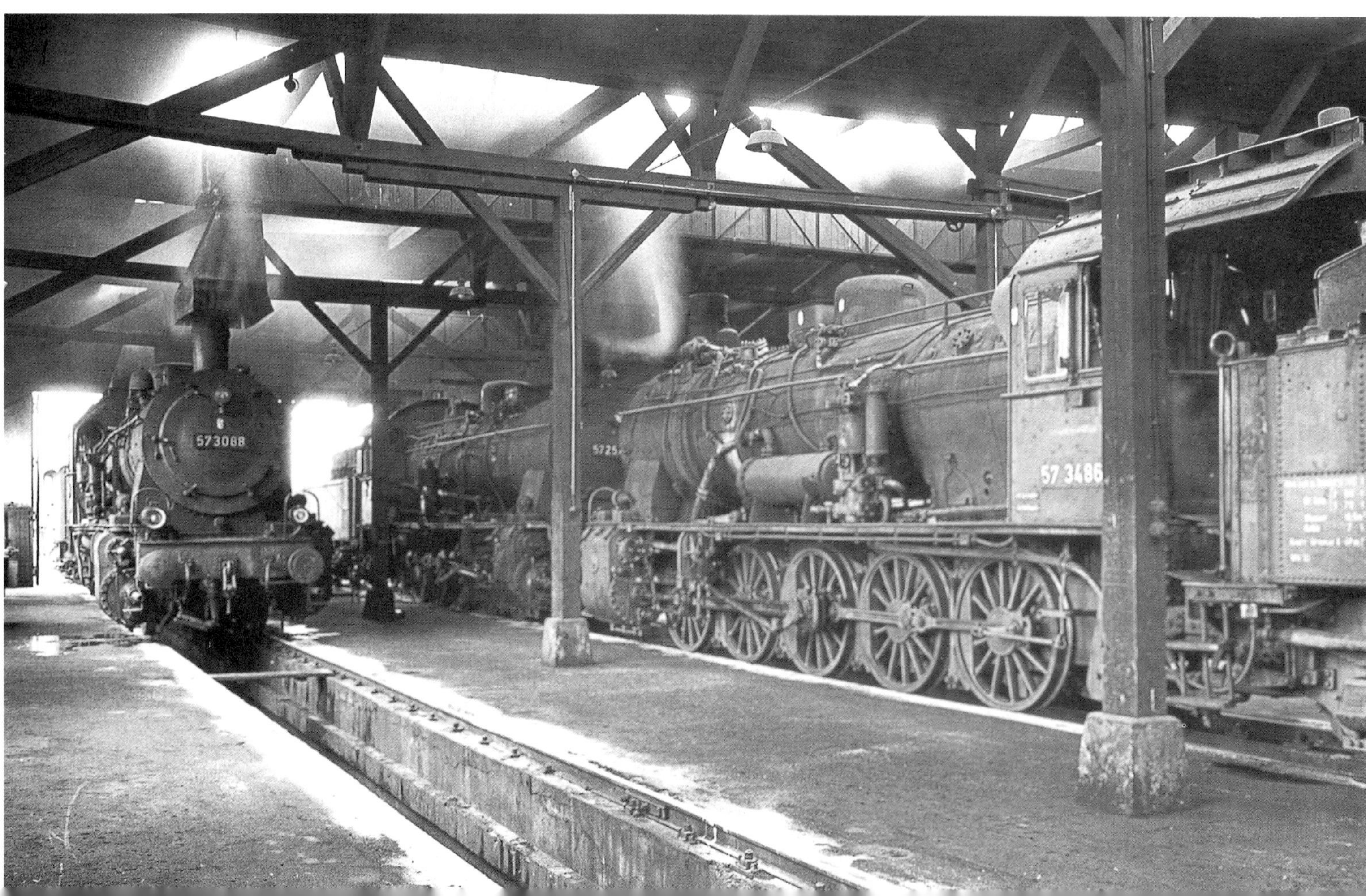

573088
57 3486

»Preußens Dampfgloria« könnte man diese Seiten überschreiben. Links oben nächtliche Szene in Hohenbudberg, wo 1969 neben 50ern auch noch 55er rangierten. Darunter sonntägliche Ruhe im Haltinger Lokschuppen, rechts 58 1111 des Bahnbetriebswerkes Aue noch 1976 in voller Aktivität

Die letzte Domäne der DR-58er war das Betriebswerk Aue im Erzgebirge. Auf den steigungsreichen Strecken arbeitete die weitverbreitetste preußische Güterzuglokomotive, Gattung G12, bis zum Ende des Sommerfahrplanes 1976 vor Güter- und Personenzügen. Sogar einen Schnellzug brachte sie tagtäglich von Zwickau nach Aue. Die DB hatte schon 23 Jahre zuvor auf diese Maschinen verzichtet.
Im Bild oben ist der abendliche Nahgüterzug von Aue nach Chemnitz bei Lößnitz oberer Bahnhof unterwegs, links hat 58 1800 gerade den Schwarzenberger Tunnel mit Ziel Johanngeorgenstadt verlassen, rechts fährt der Durchgangsgüterzug Zwickau – Aue den Hartensteiner Schloßteich entlang

58 1207-8

Überholung in Breitenbrunn Rangierbahnhof

Einst waren die 58er in ganz Deutschland weit verbreitet. Es gab nur wenige Strecken, auf denen sie nicht Dienst verrichteten. Im Bild Güterzug der sechziger Jahre bei Pirk (Graf)

58 311, heute die letzte betriebsfähige Maschine dieses Typs. Anfang der sechziger Jahre rangierte sie auf einem Anschluß bei Plauen, geschmückt mit einer durchaus realistischen Parole. Die letzten Jahre aktiven Plandienstes verbrachte sie in Aue, dann führte ihr Weg – unter Dampf – auf die Albtalbahn

Bahnhof Aue. Letzter Kontrollgang des Meisters vor Abfahrt des Nahgüterzuges nach Johanngeorgenstadt

58 1207-8

Kurz vor Johanngeorgenstadt an der tschechischen Grenze waren diese prächtigen Felsen zu passieren, hinter denen sich allerdings das von der sowjetischen Besatzungsmacht so dringend gesuchte Uranerz verbarg. Als sich der Abbau hier noch lohnte, war die Strecke zweigleisig ausgebaut, noch heute am breiten Bahndamm erkennbar

58 1334

58 1195

Auch die Elstertalbahn sah in den sechziger Jahren viele G12. Die oberen Bilder zeigen den Bahnhof Rentzschmühle, darunter rollt ein Nahgüterzug von Oelsnitz nach Pirk (Graf)

In Gegenrichtung ist diese G12 mit einem Güterzug von Plauen nach Adorf an der Pirker Talsperre unterwegs (Graf)

Neben den Fluten des Schwarzwassers bei Antonsthal bringt die 58 ihren Personenzug nach Johanngeorgenstadt

Zur Abschiedsparade stellen sich zwei Reko-58er in Döbeln der Konkurrenz aus 50-Altbau und 50-Reko (Kathe)

In Mehltheuer ist Aufenthalt für die Geraer 58 3031, eine der insgesamt 56 rekonstruierten G12. Die DR schuf mit der Überarbeitung und Modernisierung der alten Henschel-Konstruktion eine außerordentlich leistungsfähige Maschine, die bereits in die Einsatzbereiche der Baureihe 44 hineinreichte (Graf)

In Greiz präsentiert sich 58 3045 noch mit der Ursprungsausführung der Windleitbleche. Später wurden die oberen Ecken bei allen Lokomotiven abgeschrägt, was wesentlich zum dynamischen Gesamteindruck der Maschinen beitrug. Ein weniger attraktives Zeitzeugnis ist das Symbol des kommunistischen Jugendverbandes an der Rauchkammer (Graf)

Auf ihren letzten Einsatzstrecken zeigen diese Bilder Glauchauer Reko-58er. Von dem Auslaufbetriebswerk aus starteten sie unter anderem nach Gera, um vor allem den Berufsverkehr des Uranbergbaus zu bedienen. Links die Ausfahrt aus Gera-Kaimberg. In der Mitte fährt 58 3023 von Wüstenbrand nach Oelsnitz im Erzgebirge, unten kommt der Nahgüterzug von St. Egidien nach Oelsnitz bei Hohndorf herauf

Die Bilder unten und rechts oben zeigen Glauchauer 58.30er bei der Talfahrt von Ronneburg nach Gera und in Lugau, rechts unten dagegen dampft 58 3033 des Bahnbetriebswerkes Gera durch den Bahnhof Barthmühle im Elstertal (Graf)

583023-7

58 3033

Tenderlokomotiven – Auf kurzen Strecken

Die ersten Lokomotiven führten ihre Betriebsvorräte an Kohle und Wasser auf einem kleinen Wägelchen mit, aus dem sich schon bald der Schlepptender entwickelte. Da die Regelfahrtrichtung der Dampflokomotiven aber immer mit dem Schornstein voraus ist, beim Rückwärtsfahren sogar zumeist konstruktiv bedingte Geschwindigkeitsbeschränkungen gelten, war ein Wenden der Lokomotiven in den Endbahnhöfen unumgänglich. Dazu bedarf es entweder platzintensiver Gleisdreiecke oder teurer Drehscheiben. Auf beides wurde bei Nebenbahnen häufig verzichtet. So entstanden für solche Strecken Lokomotiven, welche ihre Vorräte auf der Maschine selbst mitführten – die Tenderlokomotiven.

Ein konstruktiver Nachteil zeichnet diesen Typ von vornherein aus: das Reibungsgewicht und damit die Zugkraft ist abhängig von der mitgeführten Betriebsstoffmenge. Für die vielen kleinen Nebenbahnen im Flachland spielte das kaum eine Rolle. Anders im Gebirge. Dort war größtmögliche Zugkraft gefordert. Auch die gegenüber Schlepptenderlokomotiven wesentlich geringeren Vorräte stellten oft ein Problem dar, mußten doch Zwischenhalte zum Wassernehmen eingelegt werden.

Die meisten Eisenbahnen beschafften Tenderlokomotiven, und sei es nur für den Rangierdienst. Die Entwicklung begann mit zweiachsigen Maschinen, von denen unzählige Varianten bei Privat- und Länderbahnen Dienst verrichteten. Die erste dreiachsige preußische Normal-Tenderlokomotive entstand 1882 bei Henschel. Innerhalb von 24 Jahren kamen mehr als 1500 Lokomotiven dieses Typs aus den Werkhallen. Selbst Frankreich, Italien, Griechenland, China und andere kauften die T3. Für den Mittelgebirgs-

Zu den universellsten Einheitslokomotiven gehörte die Baureihe 86. 1976 fuhren Maschinen des Bahnbetriebswerkes Aue noch regelmäßig über den Markersbacher Viadukt nach Annaberg

dienst waren natürlich größere Maschinen erforderlich.
In Württemberg und Preußen wagten sich die Maschinenbauer 1905 an die ersten fünfachsigen Tenderloks. Die preußische T 16 in der verstärkten Ausführung verdrängte alsbald alle Zahnradlokomotiven von den thüringischen Strecken. In Sachsen bewältigte die XI HT Steilrampen ebenso wie den schweren Verschiebedienst. Die Bayrische Staatsbahn ließ für ihre steigungsreichen Strecken die Gt 2x4/4 bauen, eine achtachsige Gelenklokomotive der Bauart Mallet. Schon in der Übergangszeit zur Deutschen Reichsbahn entstand die preußische T 20, eine Zweizylindermaschine mit der Achsfolge 1'E 1'. Sie ließ alles bisher Dagewesene hinter sich und war bis 1980 für die Deutsche Reichsbahn unentbehrlich.
Zwar versahen Tenderlokomotiven vor allem auf Nebenbahnen häufig alle Dienste, doch waren sie ihren konstruktiven Voraussetzungen nach wie die Schlepptenderschwestern nach dem Einsatzbereich gegliedert. Zu den vor allem für den Personenzugdienst vorgesehenen Maschinen gehörten die später in der Baureihe 75 aufgegangenen Länderbahnloks. Ihre Achsfolge 1'C 1' erlaubte relativ hohe Geschwindigkeiten in beiden Fahrtrichtungen, so daß auch der Anschlußdienst auf Hauptbahnen mit Leichtigkeit bewältigt werden konnte.
Die Deutsche Reichsbahn übernahm eine ungeheure Vielfalt an Tenderlokomotiven. Um rasch wirtschaftliche Verbesserungen im Einsatzbereich der Maschinen zu erzielen, wurde ein Einheitsprogramm mit den Reihen 64 und 86 für Nebenbahnen und den Reihen 80 und 81 für Rangieraufgaben entworfen. Die rasche Beschaffung scheiterte jedoch am Geld. So übernahmen auch die Nachkriegsverwaltungen noch zahlreiche Länderbahntypen in ihren Bestand. Auf nennenswerte Stückzahlen brachten es nur die Tenderlokbaureihen 64 und 86, wobei sich letztere als ausgesprochen vielseitige Maschinen erwiesen. Die Deutsche Reichsbahn machte mit ihrer Neubau-83er noch einen wenig erfolgreichen Ablösungsversuch.

Bis in die späten sechziger Jahre beheimateten die Betriebswerke Aalen (oben) und Ulm Lokomotiven der Baureihe 64

DB
64 041

3
64 235
64 419
64 231
DB
64 231

Die 64er des Betriebswerkes Kirchenlaibach bedienten bis 1972/73 die Strecken nach Bayreuth, nach Weiden und nach Marktredwitz. Der Zug oben donnert nach Marktredwitz, der rechts kommt von Bayreuth

Ein grimmiges Gesicht verleiht der Schneepflug der kleinen Tenderlokomotive, die auf dem obigen Bild Kirchenlaibach in Richtung Weiden verläßt. Die 64 darunter verräuchert die herrliche oberpfälzer Waldluft nahe Bayreuth

Begegnung im Remstal 1966. Zwischen Schorndorf und Aalen wurde der ziemlich dichte Nahverkehr bis Ende der sechziger Jahre mit den Baureihen 64 und 78 abgewikkelt. Das Betriebswerk Aalen setzte 1969 als einziges der DB Lokomotiven der Baureihe 78 im Plandienst ein, seine 64er hatte es zu diesem Zeitpunkt bereits abgeben müssen

Die sächsischen Personenzuglokomotiven der Reihe 75.5 waren in den sechziger Jahren noch in den vogtländischen Bahnbetriebswerken Adorf und Falkenstein beheimatet. Von Adorf aus befuhren sie das obere Elstertal zwischen Plauen und Bad Brambach, im nebenstehenden Bild mit einem Personenzug aus sächsischen Abteilwagen nahe Pirk. Die Falkensteiner Loks waren unter anderem nach Plauen Crieschwitz (obere Bilder) mit Behelfspersonenwagen aus der Kriegszeit unterwegs (Graf)

75 515

Als Nossen seinen letzten Rollwagen alias Baureihe 38.2 außer Dienst stellte, war das Anlaß für eine Abschiedsfahrt, bei der die Museumslokomotive 75 515 Vorspann leistete (Graf)

Sprüche klopfen war immer eine Spezialität der Kommunisten, nicht nur zu Ulbrichts Zeiten! (Sammlung Martin)

Im Bild links bedient 75 502 den Steinbruchanschluß bei Rentzschmühle (Graf), rechts rollt der Personenzug Rochlitz – Glauchau durch die Göhrener Brücke das Muldental herab (Illner)

118 230-2
75 515
Döbeln

Links oben noch ein Blick auf die Elstertalbahn beim Haltepunkt Kürbitz (Graf), darunter wird in Döbeln der Tag des Eisenbahners begangen. Als im Juni 1977 75 515 der Zuglokomotive 62 015 auf der Fahrt nach Chemnitz Vorspann leistete, war dies eine ihrer letzten Fahrten unter Dampf

Das Ende der Dampflokära in Aalen brachte nicht das erwartete Ende der alten preußischen T18 mit sich, der späteren Reihe 78. Die Maschinen wanderten zum Teil nach Rottweil, wo sie bis 1974 Zugdienst verrichteten. Der Personenzug verläßt Sulz am Neckar in Richtung Rottweil

78 246 war die letzte fahrbereite T18 der DB und wurde längere Zeit noch vom Bahnbetriebswerk Rottweil als Einzelfahrzeug im Plandienst eingesetzt

Personenzug von Böblingen nach Rottweil
vor der großartigen Kulisse von Herrenberg

Von Tübingen nach Horb unterhalb der Weitenburg macht sich diese 78er etwas zweckentfremdet vor einem Nahgüterzug nützlich

Als Ablösung für die in die Jahre gekommenen preußischen 94er gedacht, beschaffte die DB zwischen 1950 und 1955 die Baureihe 82 in 41 Exemplaren. Die letzte 82 wurde 1972 ausgemustert, 94er durften noch etwa zwei Jahre länger dampfen. Beide Aufnahmen zeigen Koblenzer Maschinen in Siershahn

082 035-7
LUDWIG

082 040-7

Durch die Reihe 83.10 sollten unter anderem die 86er abgelöst werden, doch verrichteten diese Maschinen 15 Jahre länger Planeinsätze. Mitte der sechziger Jahre »schleppt« 86 501 ihren Nahgüterzug von Plauen oberer Bahnhof nach Weischlitz (Graf)

Nicht besser erging es der DR mit ihren Neubau 83ern. Sie sollten das Mädchen für alles auf Nebenbahnen werden. Bis 1956 kamen 27 Lokomotiven in Dienst, 1972 gingen die letzten den Weg alten Eisens.
Auf den Bildern macht sich die Saalfelder 83 1004 auf der Schwarzatalbahn bei Sitzendorf nützlich (Graf)

86 501

86 1591-6

Auf der Brücke über das Sehmatal hat der Nahgüterzug nach Bärenstein in Cranzahl Einfahrt bekommen

86 1001-6

86 1001-6

86 1001-6

86 1312-7

Von der Strecke Aue - Annaberg zweigt in Walthersdorf eine kurze Stichbahn nach Crottendorf ab. Sie war nach mehrjährigem Dieselzwischenspiel bis 1989 das Domizil der letzten betriebsfähigen 86er der DR und Wallfahrtsort unzähliger Eisenbahnfreunde aus aller Welt

Selbst zu nächtlichen Zeiten hatten die in Annaberg stationierten Maschinen des Bahnbetriebswerkes Aue keine Ruhe vor den Fotografen. Der Ausgangspunkt für die meisten Personenzüge nach Crottendorf war der Bahnhof Schlettau, in dem obiges Bild entstand (Kühn)

W
86 1056-0

86 376

Die DR veränderte ihre 86er praktisch überhaupt nicht, wie der Blick links in das Betriebswerk Falkenstein zeigt, unten Mitte der sechziger (Graf), oben Ende der siebziger Jahre. Anders die DB: sie hielt Rauchkammerhandräder für überflüssig und ersetzte die Loklaternen durch Scheinwerfer (Bild rechts)

Von den insgesamt 774 gebauten 86ern gelangten 385 zur DB. Die letzten wurden 1973 in Schwandorf ausgemustert. Die Aufnahme entstand 1971 im Bahnbetriebswerk Hof, welches die Maschinen zu diesem Zeitpunkt schon nicht mehr planmäßig einsetzte

Die Göltzschtalbahn führte einst von Lengenfeld nach Mylau direkt bis unter die größte Ziegelsteinbogenbrücke der Welt, den Göltzschtalviadukt. Bis die im Frühjahr zuweilen reißende Göltzsch der Bahn ein Ende bereitete, verkehrten auf ihr preußische T9.1, spätere Reihe 91 (Graf)

Bis 1972 verkehrten Nürnberger 86er auf der Nebenbahn von Neumarkt nach Beilngries. Die obere Aufnahme entstand 1969 kurz vor Beilngries, die Spiegelung gab es bei Berching zu bewundern

Auf den thüringer Nebenbahnen waren bis zu Beginn der siebziger Jahre preußische T14 und T14.1, spätere Reihe 93, heimisch. Sie beförderten im Schwarzatal, oben Haltestelle Lichtenhain, ebenso moderne Doppelstockeinheiten wie auch buntgewürfelte Personenzüge (Graf)

Im Mai 1971 galt es Abschied zu nehmen. 93 304, eine der ältesten Maschinen, beförderte zahlreiche Eisenbahnfreunde von Triptis über Lobenstein nach Saalfeld

Letztes wesentliches Einsatzgebiet der sächsischen 94er war bis Herbst 1975 die Steilrampe von Eibenstock unterer Bahnhof nach Eibenstock oberer Bahnhof. Die Steigung dieser Strecke war derart groß, daß die Züge bergwärts stets geschoben wurden, um dem eventuellen Reißen der Kupplungen vorzubeugen.

Auf dem »Rand« in Zwickau steht hier eine der letzten sächsischen 94er von den einst 163 Maschinen, welche die Hartmann-Werke in Chemnitz verließen. 94 2105 ist als rollfähige Museumslokomotive erhalten geblieben (Heinrich)

Von den preußischen 94ern blieb die Nummer 94 1292 betriebsfähig erhalten und ist immer wieder im Einsatz vor Sonderzügen für Eisenbahnfreunde zu finden. Oben rollt sie Richtung Schleusingen

Als Besonderheit wurden die 94er des Bahnbetriebswerkes Dillenburg hauptsächlich zu Reisezugdiensten verwendet. Die Aufnahmen entstanden 1971, dem letzten Jahr der Dampfloks in Dillenburg, links vor dem Rundhaus und oben auf der Strecke nahe Gönnern

Die letzten Länderbahndampflokomotiven setzte die DR planmäßig 1980 vom Betriebswerk Probstzella aus auf den Strekken Sonneberg – Eisfeld und nach Saalfeld ein. Die mächtige preußische T20 alias Baureihe 95 entstand als Weiterentwicklung der Mammutklasse der Harzbahn und konnte ohne weiteres mit der bayrischen Gt 2x4/4, spätere Baureihe 96, konkurrieren.

Auf dem Bild oben fährt der Personenzug aus Sonneberg in Lauscha ein. Wenig später wird die letzte große Steigung über Oberlauscha nach Ernstthal (rechts oben) zum Rennsteig erklommen

95 0027-3
95 0009-1

Von den 45 Lokomotiven der Reihe 95.0 übernahm die DB 14 und setzte sie von Aschaffenburg aus ein. Aber schon 1958 schieden die letzten aus dem Dienst. Die 31 DR-Maschinen behielten im Harz und in Thüringen ihren Wirkungskreis. Nebenstehend umfährt der Personenzug Lichte, unten befindet er sich in der Bogenkehre Lippelsdorf

Die Spitzkehre Lauscha stellt eine Betriebslösung dar, die aus der Not geboren wurde, auf engstem Raum große Höhenunterschiede bewältigen zu müssen. Jeder einfahrende Zug muß hier Kopf machen, das heißt, die Lokomotive wird an das andere Zugende umgesetzt und verläßt den Bahnhof nach rund 10 Minuten Aufenthalt in entgegengesetzter Richtung. Im Bild zweigt die Lokomotive gerade vom Ernstthaler Berggleis auf das Sonneberger Talgleis ab

95 0028-1

Wenn auch nicht alltäglich eine Reko 01 Güterzüge nach Unterwellenborn bespannte, so gehörten doch die 95er zum regelmäßigen Bild auf der Rampe. Oben leistet 95 0028 Vorspanndienste, darunter rollt sie vor der Industriekulisse Unterwellenborns hinab nach Saalfeld

1942 bereits an die Zuckerfabrik Regensburg verkauft, wurde die ehemalige 98 727 fortan »Zuckersusi« genannt und hatte vor allem während der Rübenernte viel zu tun

Nochmals die Malletlok »Zuckersusi«: von der Bayrischen Staatsbahn 1901 als BB II in Dienst gestellt, bei der Reichsbahn wenig geschätzt, als aktive Museumslok in Darmstadt-Kranichstein erhalten

98 812, ehemals bayrische Lokalbahnlok GtL 4/4, Baujahr 1914, war eine wesentlich geglücktere Konstruktion als die rechts oben gezeigte 98.7. Sie war bis 1968 im Bahnbetriebswerk Schweinfurt aktiv

Im Betriebswerk München Ost wurde sie noch bis 1968 sorgfältig aufbewahrt, die bereits 1963 ausgemusterte 70 083, ex bayrische Pt 2/3. 97 Lokomotiven dieses äußerst beliebten Typs wurden zwischen 1910 und 1915 in Betrieb genommen. 70 083 steht heute in Mühldorf auf dem Denkmalsockel

4
Druckluftbremse
15 km/Std
Krauss-Maffei
Fabr. Nr. 2291
Baujahr 1903
BB 2

DB

Man könnte diese Lokomotive auch als Unikum auf Schienen bezeichnen: das bayrische Glaskastl 98.3, ex PtL 2/2, gebaut um 1908. Einmannbetrieb war die hervorstechendste Eigenschaft. Von den 22 Maschinen blieb die 1963 ausgemusterte 98 307 erhalten, die lange Jahre im Ausbesserungswerk Nürnberg Unterschlupf fand und heute als Leihgabe des Verkehrsmuseums Nürnberg im Deutschen Dampflokomotivenmuseum in Neuenmarkt-Wirsberg anzutreffen ist

Nochmals 98 812, fotografiert im Schuppen des Betriebswerkes Schweinfurt. Ein Mitarbeiter der Deutschen Bundesbahn hatte wohl Skrupel, die letzte aktive bayrische Lokalbahnlok verschrotten zu lassen. Sie wurde erster Preis in einem Preisausschreiben und von einer Privatperson gewonnen, die naturgemäß wenig mit ihrem Hauptgewinn anfangen konnte. Als Retter erwiesen sich die Ulmer Eisenbahnfreunde. Unter ihrer Obhut dampft die Lok bei der Privatbahn Amstetten – Gerstetten auf der Schwäbischen Alb

Schmalspurlokomotiven – In ländlicher Idylle

Nachdem sich die Eisenbahnen aller deutschen Länder einmal auf die Normalspurweite von 1435 mm geeinigt hatten, waren Abweichungen für lange Zeit undenkbar. Doch gestaltete sich die flächenmäßige Erschließung mittels Eisenbahnen im letzten Viertel des 19. Jahrhunderts zunehmend teurer, denn jetzt mußten Trassen auch in unwegsamen Gebieten erbaut oder verkehrsschwache Zonen angeschlossen werden. Das ließ den Gedanken zum Bau einer in jeder Beziehung billigeren Eisenbahn heranreifen. Dabei orientierten sich die Ingenieure an der schon 1832 in England eröffneten Ffestiniogbahn mit einer Spurweite von 597 mm, an den um 1865 in Frankreich gebauten Schmalspurstrecken und an den Industriebahnen im oberschlesischen Bergbaurevier.

Erste konkrete Überlegungen kamen aus Sachsen. Die deutsche Regierung verabschiedete 1878 die »Bahnordnung für Eisenbahnen untergeordneter Bedeutung« und legte mit 1000 mm und 750 mm einheitliche Spurweiten fest, die später noch durch die 600 mm-Spur ergänzt wurden.

Auch beim Bau von Schmalspurbahnen war Sachsen Vorreiter. 1881 dampfte der erste Zug auf 750 mm-Gleisen von Wilkau nach Kirchberg. Über lokale Bedeutungen hinaus entwickelten sich im sächsischen Raum umfangreiche Schmalspurnetze, ebenso im Harz mit 1000 mm Spurweite, in Mecklenburg mit 600 mm Spurweite und auf der Insel Rügen mit 750 mm Spurweite. Alle Schmalspurbahnen zusammen erreichten fast 7500 km Streckenlänge. Die für Gleis- und Signalanlagen gültigen Vereinfachungen widerspiegelten sich auch im Betrieb. Trotzdem ließ die Rentabilität vieler Bahnen zu wünschen übrig. Als dann gar die ersten Lastkraftwagen

Blick auf das geschäftige Treiben im Bahnhof Jöhstadt der 750 mm Schmalspurbahn Wolkenstein – Jöhstadt. Im Gange sind Meyer-Lokomotiven des sächsischen Typs IV K bzw. 99.51-60

und Autobusse auf den Plan traten, begann der in den meisten Fällen zum Untergang der Bahn führende Konkurrenzkampf. Die Deutsche Reichsbahn versuchte auf den ihr unterstehenden Strekken diese Tendenz vor allem durch Modernisierung des Maschinenparks aufzuhalten.

Nach dem zweiten Weltkrieg besiegelte der zunehmende Kraftverkehr das Schicksal der meisten Schmalspurbahnen recht schnell. Einige Bahnen wurden als museal erhaltenswert eingestuft.

Der schmalspurige Maschinenpark war von Anfang an durch die mangelnde Finanzkraft der meisten Unternehmen geprägt. Den relativ geringen Anforderungen im Hinblick auf die Höchstgeschwindigkeit genügten zwei- und dreiachsige Maschinen. Anders sah es vor allem im Harz und im Erzgebirge aus. Große Zuglasten waren auf steilen krümmungsreichen Strecken zu bewältigen. Dort bewährten sich Gelenklokomotiven der Bauarten Mallet und Meyer ausgezeichnet, zu Reichsbahnzeiten ergänzt durch Einheitslokomotiven mit der Achsfolge 1'E 1'. An diese Konstruktionen lehnte sich die Nachkriegs-Reichsbahn mit ihren Neubaulokomotiven für 750 mm und 1000 mm Spurweite an, die noch heute im täglichen Dienst stehen.

Während auf den verbliebenen Schmalspurbahnen der DR Dampfleistungen nach wie vor den Alltag bestimmen, musterte die DB ihre letzte Schmalspurdampflokomotive, die 99 651, bereits Ende September 1969 aus.

Von Bad Doberan nach Kühlungsborn West führt die einzige 900 mm Schmalspurbahn der DR. Auf der 15,4 km langen Strecke sind drei Einheitslokomotiven der Reihe 99.32 tätig und bewältigen im Stundentakt den vor allem im Sommer großen Urlauberverkehr

99 2321-0

Trotz der langen und meist gut besetzten Züge scheint die Erhaltung dieser Dampfbahn fraglich, müßten doch die Lokomotiven in absehbarer Zeit erneuert werden

Von Putbus nach Göhren auf der Insel Rügen führt der Rest des ehedem umfangreichen 750 mm Schmalspurnetzes. 1979 verrichteten noch die drei kleinen Rügenlokomotiven der Reihe 99.46 Dienst, wie hier bei einer Zugkreuzung in Seelvitz

Mit der 24 km langen Schmalspurstrecke werden die Inselbäder Göhren, Baabe, Sellin und Binz an die Regelspurbahn in Putbus angeschlossen. Hier zwang der Triebfahrzeugmangel inzwischen zum Einsatz sächsischer Maschinen. In den Bildern aus dem Jahre 1979 regieren jedoch noch die Rügenlokomotiven, oben in Garftitz, unten in Posewald

Im Bild rechts rangiert eine der beiden kleinen Maschinen der Reihe 99.61 auf den 1000 mm Gleisen der Harzquerbahn in Wernigerode Westerntor

99 6102-0

Die Harzquerbahn von Nordhausen nach Wernigerode ist etwa 60 km lang. Von ihr zweigt in Drei Annen Hohne die Brockenbahn ab, welche jedoch wegen der ehemaligen Grenznähe von 1961 bis 1989 nur bis Schierke im Personenverkehr betrieben wurde. Eisfelder Talmühle, Bild unten, ist der Anschlußbahnhof zur Selketalbahn, welche über eine Streckenlänge von etwa 52 km verfügt. Reparationsleistungen an die Sowjetunion hatten 1945 zum vollständigen Abbau der Selketalbahn geführt. Beim Wiederaufbau verzichtete man zunächst auf die Strecke zwischen Straßberg und Stiege, so daß die Verbindung von Hasselfelde, Bild rechts oben, mit Eisfelder Talmühle durch die Harzquerbahn betrieben wurde.
Der betriebliche Höhepunkt der 1000 mm Selketalbahn ist der Bahnhof Alexisbad. Dort zweigt eine Stichstrecke nach Harzgerode ab. Jahrelang lieferten sich die planmäßig parallel ausfahrenden Züge ein Wettrennen

995902-4
996001-4

Noch bis weit in die achtziger Jahre hinein verkehrten auf der Selketalbahn die letzten Malletlokomotiven Europas im Plandienst. Links oben am Wasserkran in Alexisbad (Kühn), darunter im Selketal kurz vor Alexisbad

Inzwischen haben die insgesamt 17 Neubaudampflokomotiven der Reihe 99.23 den Selketalbahnverkehr ebenso im Griff wie schon seit Jahren den auf der Harzquerbahn. Bild rechts: bei Tiefenbachmühle. Seit 1989 beginnen Diesellokomotiven den Dampfern in zunehmendem Maße das Feld streitig zu machen

99 0243-8

99 1584-4
99 1562-0
0 10 20 30 40
0 10 20 30 40

Unumstritten war die Herrschaft der sächsischen IV K Loks auf der 750 mm Schmalspurbahn von Oschatz über Mügeln nach Kemmlitz noch 1990. Es handelt sich hier um die weltweit letzten planmäßig eingesetzten Meyer-Lokomotiven. Inzwischen aufgetretene Absatzprobleme des Hauptauftraggebers lassen das Ende der Bahn nur noch als Frage der Zeit erscheinen

Zuversichtlicher kann die Traditionsbahn von Radebeul Ost nach Radeburg in die Zukunft schauen. Sie ist mit vielen Aktivitäten ein dauernder Publikumsmagnet und befördert auf ihren 750 mm Gleisen Schüler-, Berufs- und Ausflugsverkehr. Im Bild rechts der Traditionszug bei Friedewald

Die Überquerung der Dippelsdorfer Teiche zwischen Moritzburg und Friedewald ist sicher der landschaftlich eindrucksvollste Höhepunkt der 17 km langen Strecke

99 1793-1

Kontrastprogramm! Links oben Regelbetrieb zwischen Radebeul Ost und Radeburg im Lößnitzgrund, darunter »Modenschau« vor der Traditionslokomotive in Moritzburg

Ebenfalls auf 750 mm Gleisen bewegen sich die Züge von Freital Hainsberg nach Kipsdorf. Etwa 1 ½ Stunden währt die Fahrt auf der 26 km langen Strecke. Im Bild oben Überholung im Bahnhof Dippoldiswalde

Zu den landschaftlich eindrucksvollsten Schmalspurbahnen gehört die Linie nach Kipsdorf ohne Zweifel. Im unteren Streckenteil schlängeln sich die Gleise entlang der Weißeritz durch den Rabenauer Grund, Bild oben, aus welchem sie in Seifersdorf auftauchen. Rechts wird Schmiedeberg auf einem langgezogenen Viadukt überquert. Die meisten Triebfahrzeuge dieser Bahn sind Neubaudampflokomotiven der Reihe 99.77-79, einer geringfügig abgeänderten Einheitskonstruktion

99 1734-5

99 1741-0

Landschaftlich ebenfalls reizvoll und betriebstechnisch sehr interessant ist die 750 mm Schmalspurbahn von Zittau nach Oybin mit Abzweig nach Bertsdorf. Ehedem war die Strecke dorthin sogar zweigleisig, um den starken Verkehr bewältigen zu können. 1990 sollte eigentlich ihr letztes Stündlein schlagen, denn der Braunkohlentagebau hatte sich so nach und nach bis an den Bahnkörper herangefressen. Gerade noch rechtzeitig beendete die Wende und das Aus für die Eigenstaatlichkeit der DDR den Braunkohlenabbauboom. So wurden zur Jahreswende 1990/91 die Gleisanlagen erneuert, was auf ein noch längeres Bestehen des Bähnchens hoffen läßt.
Das Bild links zeigt eine Straßenkreuzung in Zittau, rechts oben die Brücke über Ulberndorf, darunter das Bahnbetriebswerk Zittau, in dem sich der Einzelgänger 99 4532 nützlich macht

Von Cranzahl nach Oberwiesenthal führt eine 17 km lange 750 mm-spurige Strecke hinauf auf die Höhen des Erzgebirges. Das trotz der starken Waldschäden beliebte Urlaubs- und Wintersportgebiet bot allzeit ausreichenden Verkehr, um die alte Dampfbahn zu erhalten. Der Triebfahrzeugpark besteht zumeist aus Neubaudampflokomotiven der Reihe 99.77-79.
Links fährt der Zug in Hammerunterwiesenthal ein, rechts wird die Straße kurz vor Oberwiesenthal gekreuzt

99 1779-0
20
Rf 10

Diese Seiten vermitteln einen Eindruck der leider nicht mehr existierenden Schmalspurbahn von Wolkenstein nach Jöhstadt. Eine parallele Buslinie hatte ihr den Reiseverkehr weitgehend abgenommen, und trotz der schlechten Straßenverhältnisse mußte auch der größte industrielle Auftraggeber seine Güter nunmehr per Auto nach Annaberg schaffen. Das andauernde Unterlassen dringender Erhaltungsarbeiten seitens der DR führte erst zu einer teilweisen Stillegung, dann zur Einstellung des Personenverkehrs, schließlich zur Auflassung der Bahn. 1989 bildete sich ein Interessenkreis aktiver Eisenbahnfreunde mit dem Ziel des Wiederaufbaus zumindest eines Streckenteiles. Die Bilder zeigen Betriebsszenen aus den siebziger Jahren, links ausfahrend aus Großrückerswalde, in der Mitte den Lokschuppen in Jöhstadt und rechts einen Schmalzgrube verlassenden Zug

P
P

99 633
DB
99 633

DB
99 651

Die letzte der neun württembergischen 750 mm Mallets der Klasse Tssd, die 99 633, auf der Rückfahrt von Bad Schussenried nach Buchau in Oberschwaben

Sächsische VI K alias 99.64-65 im Einsatz auf der schwäbischen Bottwartalbahn. Die Lokomotive wurde im September 1969 ausgemustert und blieb als Denkmal in Steinheim erhalten

Prächtige barocke Architektur säumte die Strecke in Schussenried

Dieses Brückchen zwischen Bad Buchau und Schussenried lieferte 1969 den Vorwand zur Stillegung der Schmalspurbahn: es war zu schmal für den Straßenverkehr geworden. Die 99 633 ist heute noch im oberschwäbischen Ochsenhausen zu bewundern